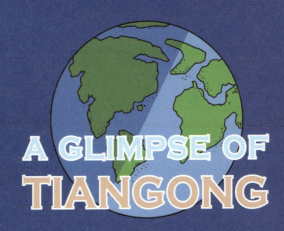

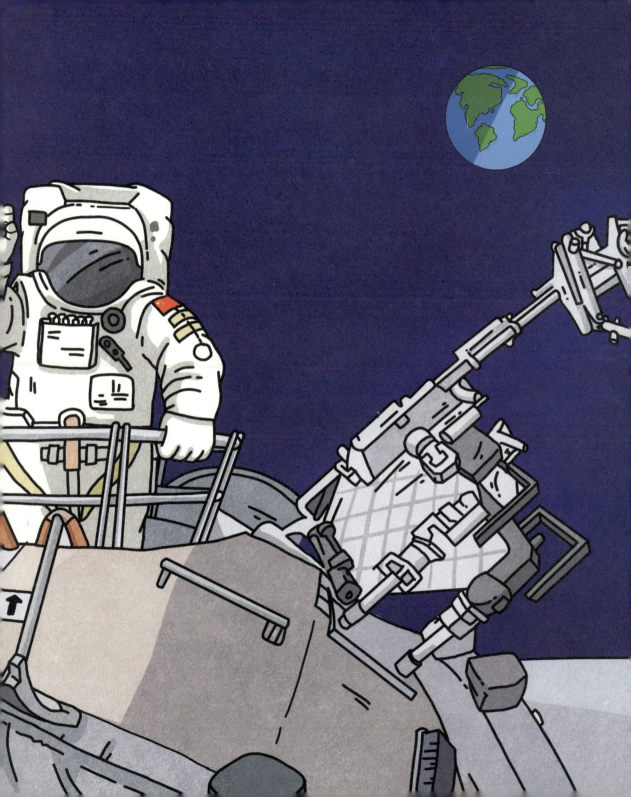

目录 CONTENTS

A GLIMPSE OF

01 天上一天有多长

"天上一天，地下一年"？ 3
16次日落和日出，知道几点算我输！ 6
航天员在太空按什么时间"打卡"上下班？ 8

小知识 "北京时间"其实不是北京的时间！ 11

天上每天都需要的重要物品，排第一的竟然是它？ 12

小故事 带了五块手表上天，确认不是炫富？ 18

扫码观看视频

02 晨起精神有多棒

黄河之水天上来，空间站的水从哪儿来？ 21
不用水洗脸，牙膏肚里咽？ 24

小故事 揉搓、揉搓，这魔性的解说！ 27

早起空腹喝点水，筷子夹着吃一杯？ 30
早餐来个荷包蛋吧，什么，不可能？ 34

扫码观看视频

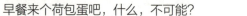

03 日常工作有多忙

扫码观看视频

拆快递、装柜子、整理房间？你确定说的是航
天员？ 37
    不用买买买，却能拆拆拆 39
    既要测测测，也要拧拧拧 42
    系统整整整，全面擦擦擦 44

实验、训练和教书，还要出舱做任务，航天员
的工作你真的心里有数？ 46
    科学实验：一闪一闪亮晶晶，来自天上
        一颗心？ 46
    在轨训练：是演习，不是演戏 49
    天宫课堂：冰墩墩现身最"高"学府 50
    出舱活动：给空间站装个"自拍杆" 52

04 太空美食有多香

看了航天员的菜单，吃货居然给馋哭了？ 57
舌尖上的诱惑：能私人定制，还能开盲盒？ 66
    我的美食我能点，天上口福真不浅 66
    "上天"安排的惊喜 68

05 锻炼身体有多强

明明不是运动员,为何每天要锻炼?　　　　　77
　骨质疏松:"钢筋铁骨"变成"豆腐渣"　　78
　肌肉萎缩:"肌肉猛男"变成"弱鸡"　　　80

> **小故事**　秘密武器绑腰中,天上能跑马拉松　　82

06 娱乐休息有多爽

读书追剧玩游戏,航天员的休闲活动如此
接地气?　　　　　　　　　　　　　　　87
　天上读书选择多　　　　　　　　　　　88
　太空追剧也疯狂　　　　　　　　　　　91
　游戏玩出新高度　　　　　　　　　　　92

> **小故事**　仅设四个项目,比赛如同儿戏,这届
> 　　　　　奥运会凭什么火出天际?　　　　98

天价马桶长这样,确定没上骗子当?　　　104
太空"方便"不方便,还得专门做训练?　108
什么,中国航天员都"躺平"了?　　　　112

空间站 的一天

A GLIMPSE OF
TIANGONG

天上一天
有多长

01

"天上一天，地下一年"？

  中国很多古代神话故事有"天上一天，地下一年"的说法，指的是天上度过一天相当于地上度过一年。那天上的时间和地上的时间真的不一样吗？空间站的一天到底有多长呢？

  在地球上，我们以太阳为参考点，将一个昼夜交替的周期称为一天。一天是固定的 24 小时，在一年之中不会因为昼夜长短的变化而改变。不管身处世界的哪个角落，人们都按一天 24 小时制的生活规律进行作息。

那天上的一个"昼夜"有多长呢？空间站在离地球340～450千米的轨道上绕地球飞行，平均速度高达每小时28000千米左右，以这个速度从北京飞往美国首都华盛顿，半个小时之内即可到达，而搭乘直飞航班需要飞行约14个小时。空间站绕地球飞行速度极快，一圈大约需要90分钟，24小时能够绕地球飞行16圈。

在每一圈飞行中，空间站都会飞经地球的"向阳面"和"背阴面"。地球的向阳面就是地球上的白天，航天上将它称为"阳照区"；背阴面是地球上的黑夜，被称为"阴影区"。从阴影区进入阳照区，航天员将看到日出；从阳照区进入阴影区，航天员将看到日落。也就是说，空间站每一圈绕地飞行都会经过阳照区和阴影区，航天员们差不多每90分钟就能够透过舷窗看到一次日出和日落，经历一次"昼夜"交替的变化，空间站的一个"昼夜"大约只有90分钟。

尽管天与地的"昼夜"变化不同步（图1-1），考虑到人类在地球上长期形成了以24小时为一昼夜的生活习惯，睡眠和醒来的昼夜节律已经与我们的大脑和身体紧密相连，航天员在天上的日子还是按照地球上的24小时制进行安排，天地同步作息。

所以，空间站的"一天"与地球上的一天是同步的，只是航天员在天上"一天"会经历16个"昼夜"的变化，早上就能看到夕阳，晚上也能看到朝阳，会眼花缭乱地看到16次日出日落。

图1-1 地球上的昼夜变化（左）与空间站"昼夜"变化（右）对比

16次日落和日出，知道几点算我输！

在空间站上，大约每90分钟出现一次昼夜交替，航天员刚刚看完日落，45分钟后又会看到日出。一天16次的日出日落会让航天员对时间的感知发生错乱。由于不能像在地球上一样用日光作为判断时间的标准，航天员往往会失去时间感。由于身体各项机能无法马上适应这种变化，内分泌还会在一段时间内出现紊乱。

荷兰航天员安德烈·库佩斯在第一次执行国际空间站任务时就说："我完全失去了时间感！"这在航天员中很常见。为了克服这个问题，他专门设计定制了一款手表，除了显示地球上的时间，还给手表添加了独特的表盘，对约90分钟单次环绕地球轨道飞行进行计时（图1-2）。这在航天员中可不太常见！

图 1-2　荷兰航天员安德烈·库佩斯特别设计的太空手表

手表的大表盘显示地球上的时间，里面有三个小表盘，左边表盘为 60 分钟计时，每一格代表 5 分钟；中间上部表盘为 30 分钟计时，每一格代表 1 分钟；中间下部表盘为 12 小时计时，每一格代表 30 分钟。中间上下两个表盘的红色部分合计，就对应着国际空间站单次环绕地球轨道飞行的时间。

 航天员在太空按什么时间"打卡"上下班?

  我国的天宫空间站和国际空间站都采用了天地同步作息制度,只不过天宫空间站的航天员按照北京时间"打卡"上下班,而国际空间站的航天员是按"世界标准时间"(Coordinated Universal Time,简称UTC)"打卡"上下班的。国际空间站由16个国家和地区参与建造,主要由美国国家航空航天局、俄罗斯国家航天集团、欧洲空间局、日本宇宙航空研究开发机构和加拿大航天局共同运营。选择UTC时间作为国际空间站的时间是为了综合考虑位于不同时区的合作伙伴,也方便位于西半球的休斯敦和东半球的莫斯科的两个主要任务控制中心轮流值班。在世界时区划分上,中国属于东八区。北京时间与UTC的时差为+8,也就是UTC+8,比如UTC时间上午9点,北京时间是下午5点。

那什么是 UTC 时间呢？这要先从时区的划分讲起。古人用日升日落来标记自己所在地区的官方时间，太阳最高的时刻就是正午 12 时。由于地球自西向东自转，东边比西边先看到太阳，所以同一时刻在不同地区的人看来，时间是不同的。比如当身处北京的人们看到清晨的阳光时，美国的华盛顿还在黑夜中。19 世纪末期，人们把整个地球按经线，即地球表面连接南、北两极且垂直于赤道的弧线，从东到西划分为 24 等份，每一等份是一个时区（图 1-3）。

图 1-3　全球 24 个时区划分示意

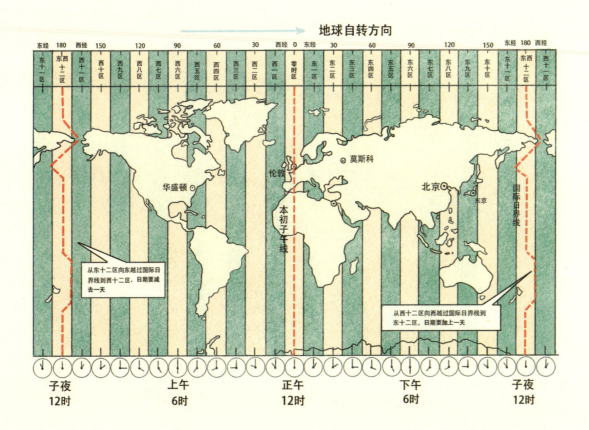

具体来说，通过英国格林尼治天文台原址的经线被称为零度经线，也叫本初子午线，以这条经线为标准，从西经 7.5° 到东经 7.5° 总宽度为 15° 的区域作为零时区，太阳每天在格林尼治天文台原址上空最高点的时间是中午 12 点。由零时区的两个边界分别向东和向西每隔 15° 各划出 12 个时区，每个时区相差一小时，东十二时区与西十二时区相重合，称为东西十二时区，这样每个时区都有自己的以太阳为参照物的本地时间。格林尼治天文台原址所在地的地方时间被定义为全世界的时间标准，称为格林尼治标准时间（Greenwich Mean Time，简称 GMT）。

随着科学技术的不断发展，人们发现地球的自转不规则，以地球自转为基础的 GMT 时间不是十分准确。原子钟的出现给世界带来了新的高度精确的时间测量方式，UTC 就是以原子钟的高精度计算为基础，同时在时刻上尽量接近以地球自转为基础的 GMT 时间，这是让普通人也能方便地使用的一种时间标准。20 世纪 60 年代，全球各地同意将各自的时间进行同步协调，以 UTC 作为全球通用的世界标准时间。对普通人来说，在不需要精确到秒的情况下，UTC 与 GMT 基本一致。

小知识

"北京时间"其实不是北京的时间!

北京时间是我国的标准时间。"北京时间X点整"——每一个中国人都听到过这样的播报。可是你知道吗？北京时间其实不是北京当地的时间！

我国采用北京所在的东八时区（东八时区是以东经120°为中心线，东西各延伸7.5°，即东经112.5°到东经127.5°，总宽度为15°的区域）的区时作为标准时间，称为北京时间。北京时间指的是东经120°经线处的当地时间，也就是距离北京以东约340千米处的地方时间，而不是北京（北京的地理经度为东经116°23′）的当地时间。我们都知道正午12点时，物体在太阳光下的影子最短。当播报"北京时间12点整"后再过约14分30秒，在北京看到的物体影子才最短。

由于北京离东经120°经线的地方很近，又是我国的首都，东经120°经线的地方时间就被称为"北京时间"，成为我国的标准时间。

"授时"一词来自"敬授人时"，意指将历法赋予百姓，使知时令变化，不误农时，后用来指颁布历书。比如古人的"打更"就是一种授时方式。我们听到的"北京时间X点整"是由中国科学院国家授时中心授时部"说了算"的。这个授时部位于陕西省渭南市蒲城县，他们通过精密比对和计算得出高精度的时间后，进行北京时间的发布与播报。蒲城县的地理经度为东经109°36′，当播报"北京时间12点整"后再过41分38秒，在蒲城县看到的物体影子才最短。因此，网上传播甚广的"北京时间是陕西时间！"其实是对北京时间由位于陕西蒲城县的授时部"说了算"的错误解读。蒲城县之所以被选中作为授时部的地点，主要是因为它接近位于我国版图的几何中心位置，发出的信号能够覆盖全国。同时它处于地质构造稳定的地带，不易受地震等自然灾害影响。

天上每天都需要的重要物品，排第一的竟然是它？

航天员在空间站的轮岗时间一般为 3～6 个月，美国航天员斯科特·凯利在国际空间站曾经连续工作了 340 天，创下了当时美国航天员单次太空飞行时间的最长纪录。他回到地球后，记者向他询问道：

"以你丰富的太空生活经验来看，要进入太空的人，应该携带哪些每天都需要的重要物品？"

斯科特推荐了几件对他来说非常重要的装备，排在第一位的就是手表。他说：

"对于任何航天员或太空旅行者来说，每天都需要的最重要的物品就是一块好手表。"

虽然这只是斯科特的个人意见，但无疑手表确实是航天员必不可少的随身装备，是航天员太空生存的重要保障。在空间站看到的太阳每隔 90 分钟就会升起又落下，无法利用阳光判断时间的情况下，需要通过手表帮助航天员精准掌握地球时间，清楚地知道地球的昼夜之分，保障生活规律与地球同步，不至于打乱生物钟，让生活失控。

按照使用场景的不同，航天员手表可以大致分为舱内工作手表、舱内航天服手表和舱外航天服手表三种类型。

舱内工作手表

我国航天员舱内工作手表如图 1-4 所示,这是航天员在空间站内日常工作时佩戴的装备。除了日常用于掌握北京时间的计时功能外,舱内工作手表还用于实验任务和飞行任务计时,帮助航天员掌握任务执行时间与进度。

图 1-4　中国航天员舱内工作手表(见红圈)

图 1-5 中国航天员舱内航天服手表

舱内工作手表的表面玻璃需要符合一定的要求,在受撞击损毁或破裂后不能形成碎渣。否则在微重力环境下,碎渣飘浮在空中,可能会对航天员造成损伤,也会对舱内仪器造成影响。

舱内航天服手表

我国航天员舱内航天服手表如图 1-5 所示,是航天员在起飞、着陆等特定阶段穿着舱内航天服时佩戴的装备。除日常计时功能之外,舱内航天服手表提供航天员起飞、在轨飞行、着陆等各阶段的特殊计时,还可为舱内航天服气密性检测辅助计时,在发生紧急状况或发生故障时作为备用计时装备。

舱外航天服手表

我国航天员舱外航天服手表如图 1-6 所示,是航天员在出舱活动穿着舱外航天服时佩戴的装备。在日常计时功能之外,舱外航天服手表为出舱任务提供辅助计时,特殊情况下(如万一与地面失去通信联系)作为后备计时装备。

舱外用手表一般配有可破坏的尼龙搭扣带,确保在发生事故时不会夹住航天员手臂。

图 1-6 中国航天员舱外航天服手表

小故事

带了五块手表上天，确认不是炫富？

在空间站的日常舱内工作中，很多航天员都会戴两块或三块表（图1-7），对时间的掌握基本依赖于手表。欧洲空间局的意大利航天员保罗·内斯波尔说：

"在太空跟踪时间太困难了！看时间我得戴三块手表：意大利现在几点了，美国几点了，空间站（UTC时间）几点了。"

图1-7 国际空间站上很多航天员戴两块或三块表（见红圈）

俄罗斯航天员奥列格·阿尔特梅耶夫展示了他在国际空间站不同情况下使用的五块手表（图1-8）。这些装备分别用于显示地球时间、科学实验计时和记录飞行任务时间等。带了五块手表上天，确实不是为了炫富！

图1-8 俄罗斯航天员奥列格·阿尔特梅耶夫和他的五块太空手表

扫码观看

晨起精神有多棒

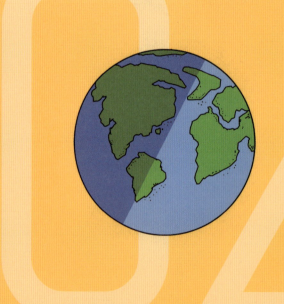

02

黄河之水天上来，空间站的水从哪儿来？

起床啦！洗刷刷！神清气爽地开始新的一天！

在地面上洗头洗脸刷牙，哪一件事都离不开水，大诗人李白说"黄河之水天上来，奔流到海不复回"，地球上的水通过水循环把不同水体联系形成水圈。那空间站的水从哪儿来呢？

在我国的天宫空间站，水主要来自以下三种渠道。

一是靠"快递",由天舟货运飞船向空间站送水。例如,天舟三号给空间站"快递"去了 10 多组水箱,水箱里装着又轻又软的航天饮水包(图 2-1),供航天员饮水和使用。

图 2-1　由天舟货运飞船送往天宫空间站的航天饮水包

二是靠自力更生，使用燃料电池生成水。氢气（燃料）和氧气（氧化剂）在催化剂的作用下发生电化学反应，将化学能连续不断地转换为电能，同时生成水，可谓一举多得。燃料电池生成水的反应过程（图2-2）可以看作电解水的逆过程。

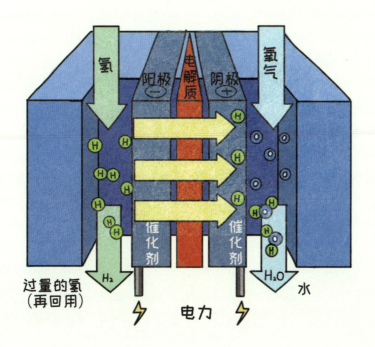

图2-2
燃料电池生成水示意

三是靠循环再利用。在天上，"珍惜每一滴水"绝不仅仅是一句口号，必须通过环境控制与生命保障系统（简称环控生保系统）尽可能实现水的再生和利用。目前天宫空间站已经实现了90%以上的回收循环利用，也就是说，天上用的水有90%以上都是通过环控生保系统再生的水。

不用水洗脸，牙膏肚里咽？

在空间站可没有洗脸池，洗脸只能用免洗湿纸巾或湿毛巾擦拭。这不仅仅是因为水非常宝贵，还因为在空间站的微重力环境下，由于表面张力的作用，如果用手捧着水洗脸，水会形成水膜，贴在脸上像个海蜇（图2-3左）。如果拧一条吸满水的毛巾，毛巾里的水会形成一层水膜将毛巾包裹在里面，也会附着在手上，无论怎么拧怎么晃，水也不会掉落，牢牢地吸附在皮肤上，像是戴了一个水手套一样（图2-3右）。

刷牙的过程和地球上没有什么区别，把装在小袋子里的牙膏挤出来放在牙刷上，伸进嘴里开刷！刷完牙之后，虽然可以吸一口装在袋子里的水，"咕噜咕噜"漱漱口，但牙膏沫可是得吞下去的！如果把漱口水吐出来，就会成为水珠飘在空中。不过也不必担心，刷牙用的牙膏是可食用型的，可以放心地"咬碎牙膏肚里咽"。如果不愿意吞下去，也可以用纸巾擦掉。洗漱完毕后要将牙刷放在毛巾上除去水分，再将牙膏放入卫生盒。

图 2-3 空间站用水洗脸实验(左)和拧毛巾实验(右)

小故事

揉搓、揉搓，这魔性的解说！

女航天员如果拥有一头长发，水源不充足的情况下如何洗头呢？不用担心，洗头神器闪亮登场！让我们来看看航天员王亚平的洗头"教学"演示（图 2-4）。

第一个洗头神器是免洗洗发水，一种特制的洗头泡沫。首先将这种泡沫挤出一点点，均匀涂抹在头发上，然后将水挤在头发上，从头皮抹到发梢来清洗头发。有些水珠可能会调皮地四处飘散，不过一伸手就可以把它们抓回来。第三步要用到另一个洗发神器：一副洗发手套，用这个洗发手套来吸干头上的水分。最后一步和我们在地球上常做的一样，包上干发帽等着头发干燥。不少网友表示很心动，想拥有与航天员同款的干发帽。

长发都能轻松搞定，短发的男航天员洗头就更简单，只需要一个洗头神器——自带洗发液的太空洗发帽。图 2-5 是航天员翟志刚在天宫空间站使用太空洗发帽洗头，以及洗发帽的特写。洗发帽有弹性收口，能够很好包裹头部。

图 2-4　航天员王亚平演示太空洗头

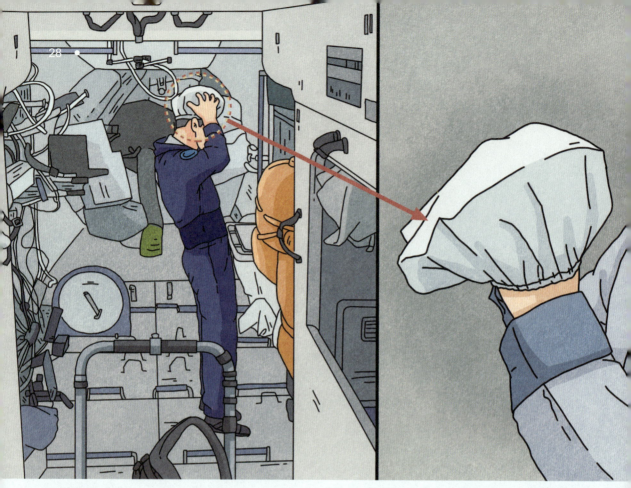

图 2-5　航天员在天宫空间站使用太空洗发帽（左）及太空洗发帽特写（右）

太空洗发帽是如何工作的呢？中国航天员翟志刚曾给大家科普过这款头罩"神器"的操作"三步走"，这里引用他的原话：

"用这个头罩，第一个头罩里有洗发液，套到脑袋上你就揉搓，揉搓完之后你就把它废掉；再拿个头罩，里头还有水，再继续揉搓，揉搓完之后再把它扔掉；再拿个干的头罩，再套到头上再揉搓，干了就洗完了。"

他声情并茂,化身为行走的"表情包",使得这段"教大家如何在太空中洗头"的视频迅速走红,网友纷纷评论说"步骤魔性,表情抢镜"(图2-6)。

总结下来就是揉搓、揉搓、再揉搓,听完这魔性的解说,太空洗头要点掌握得明明白白!

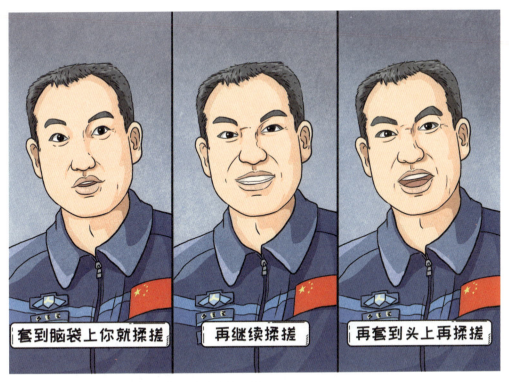

图2-6 航天员翟志刚魔性解说太空洗发帽用法

早起空腹喝点水，筷子夹着吃一杯？

早晨起来喝点水是再平常不过的事，很多人都是在起床后，先咕咚咕咚喝上一大杯水。在微重力环境下，水在自然状态下总是悬浮在空中形成圆圆的"水

图 2-7　航天员汤洪波演示挤出茶水（左），用筷子夹着吃（右）

球"，即使轻轻地触动水球让它变形，它也依然会恢复球状。这是因为在表面张力的作用下，水总是倾向于保持表面积最小的形态。往杯子里倒水时，溅出来的水会成为一颗颗水珠飘浮在空中，溢出来的水则会包裹着杯子。一个装满水的杯子不管朝哪个方向放，杯子里的水都不会自己流出来。因此在太空，喝水变得大不一样，可以像果冻一样用筷子夹着"吃"一杯（图 2-7）。

图 2-8 天宫空间站饮水袋

在天宫空间站，航天员喝水是通过一个特殊的饮水袋完成的（图2-8）。有一根吸管与饮水袋连接，吸管上有一个止水夹。止水夹关闭状态下，饮水袋是完全密闭的，水不会乱跑出来。如果将止水夹打开，挤压水袋，水就会从吸管口跑出来，在吸管口聚成一团水球。航天员喝水时，先将吸管放入口中，然后松开止水夹，通过揉捏饮水袋，把水一口一口地"吸"或"挤"进嘴里。喝完水后，要先压紧止水夹，再将吸管从嘴里拿出来。

如果不是这种特制的饮水袋，而是普通的杯子或瓶子，像在地球上一样用吸管喝水可能会发生意想不到的情况。国际空间站曾经做过一个喝水实验，航天员用吸管将空气吹入一瓶装满粉红色果汁的瓶子中。在微重力状态下，液体的表面张力起主要作用，不断膨胀的果汁气泡形成了一个球体，从瓶口处一下子冲出来，变成了一个巨大的泡泡，像口香糖一样紧贴在航天员的脸上，遮住了他的嘴巴、鼻子和眼睛（图2-9）。

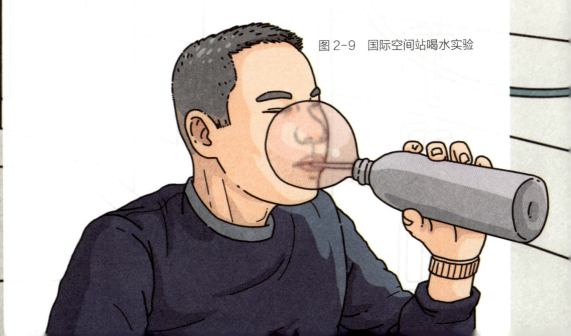

图 2-9 国际空间站喝水实验

早餐来个荷包蛋吧，什么，不可能？

早餐要吃得像皇帝！嗯，那我们吃个美味与营养并存的荷包蛋吧。遗憾的是，在太空中，鸡蛋始终是圆滚滚的，无法摊平，不可能做出荷包蛋。

在美国国家航空航天局太空教学办公室的资助下，美国沃伦技术职高在地面进行了一项模拟微重力状态下的鸡蛋实验（图2-10）。在微重力环境下，打碎蛋壳后，无论把破口朝向哪个方面，鸡蛋都不会流出来，而是留在蛋壳里。把鸡蛋从蛋壳中取出后，鸡蛋始终是圆圆的球形，"它看起来像一个小小的星球，"一位老师说，"它形成了一个小球，太神奇了！"

吃不上荷包蛋没关系，卤蛋、煮蛋、炒蛋都能安排上！我们的航天员每天早餐都吃得像皇帝，元气满满地开始一天的工作。

扫码观看　　　　　　　　　　　图 2-10　模拟微重力状态下的鸡蛋实验

日常工作有多忙

03

拆快递、装柜子、整理房间？
你确定说的是航天员？

"搬进来整整两个月了,一切进展顺利。今天花了五个半小时拆快递、收拾东西,安装设备拧了无数的螺钉,工作量挺大。睡眠区整理布置得差不多了,试睡的感觉还不错。"

如果我告诉你,这描述的是神舟十四号航天员 2022 年 8 月 5 日完成的部分工作,你会不会感到很意外?

和我们在地球上搬家后需要布置新家类似，当新一批航天员进入空间站后，他们的首要工作是建立良好的工作和生活环境，把太空家园布置得有模有样。拆箱搬运物资，测试与安装设备，整理和维护舱内环境在航天员的工作清单上都是必不可少的。在天上拆快递（图 3-1）、装柜子和整理房间一点也不稀奇！

不用买买买，却能拆拆拆

神舟十四号航天员到达空间站后，需要进行大量的拆箱和物资清点、搬运工作。首先要把天和核心舱内神舟十三号航天员临走前打包收纳好的实验用品、维修备件、健身器材等拆包，放回指定的位置，重新固定并启用，将舱内环境恢复原样。

图 3-1　神舟十四号航天员在天和核心舱"拆快递"

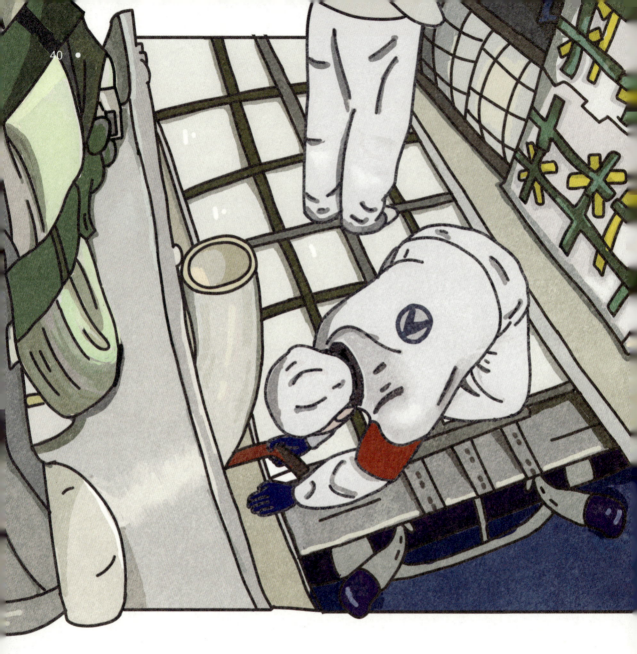

图 3-2　地面人员正在天舟四号货运飞船上装载货包

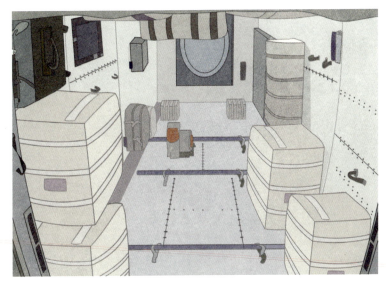

图 3-3　问天实验舱的货包

除了天和核心舱里的大包小裹，天舟货运飞船还运送来了好多货包等着拆包。神舟十四号航天员到达空间站的第二天，就打开天舟四号货运飞船的舱门，开始拆货运飞船运送上来的"快递"。天舟四号飞船运送了 200 多个货包约 5 吨的物资（图 3-2），其中有三分之二都是航天员的生活用品和实验设备，共计 175 个货包，重达 4 吨。

在神舟十四号航天员在轨工作一个半月以后，2022 年 7 月 25 日问天实验舱成功发射并与核心舱对接。天上"拆快递"的工作又从天和核心舱、天舟四号的货仓，扩展到了问天实验舱。

看看这些装得满满当当的货包（图 3-3），可以想象航天员要花多少时间拆快递了吧。对于超级享受拆快递乐趣的"剁手星人"来说，航天员真是再完美不过的职业了，不用花钱买买买，却能享受拆拆拆！

既要测测测，也要拧拧拧

神舟十四号航天员入驻空间站后，要将核心舱组合体的设置从无人状态改为有人状态，电、水、气、通信等相关设施都需要设置与测试，如检测空间站的空气质量（图3-4），检查通风净化、再生生保和水循环处理设备，测试太空厨房设备、锻炼设备等，同时也要设置卫生区、睡眠区，布置生活环境。此外，航天员还要检查通信头戴、无线耳机、手机、平板电脑的连接，设置和测试通信链路，确保天地通信畅通。

图 3-4　用空气质量测量仪检测问天实验舱空气质量

除了设置与测试相关设备设施，航天员还需要进行各类设备安装与调试，如实验柜与设备、传感器安装，实验基础支撑设备加电等。在天上安装设备的必备动作就是拧螺钉了，设备上天之前所有的仪器盖板都是靠螺钉拧死的，安装之前先要把所有的螺钉拧掉，安装时又要拧上，"左三圈，右三圈，这边拧拧那边拧拧"，工作量也是相当大的。

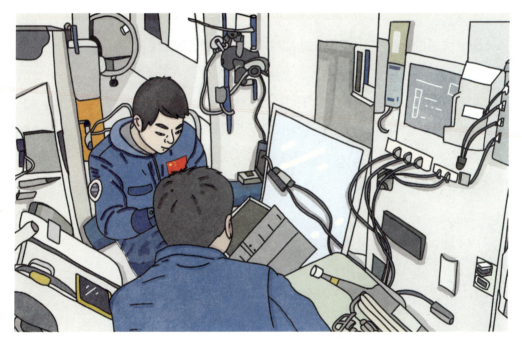

图 3-5　安装二氧化碳还原装置

图 3-5 展示的是神舟十四号航天员安装并测试二氧化碳还原装置的场景。这个装置可是个黑科技，能够把航天员呼出的二氧化碳还原成水，再重新利用！2022 年 6 月 23 日航天员完成了二氧化碳还原装置的组装和测试工作，到 7 月 19 日共回收了 22 千克的水，每天可以比之前多回收将近一千克左右的水。不过这种水是还原水，还属于中间水，后续经过水处理系统净化才可以饮用。

系统整整整，全面擦擦擦

随着问天实验舱的到来，空间站供航天员工作、生活的空间增大了不少，可用物资也越来越多，需要系统地管理，否则就会一边拆拆拆，一边找找找。神舟十四号航天员利用一个"物资管理系统"软件，对整个空间站的物资进行归类和梳理，通过拍照、拍视频的方式，对物资信息进行整理和记录。有了这个"管家"，太空家园里有些什么，到哪儿去找，就会安排得明明白白！

不过，归类、整理、记录工作非常耗费时间，正如前面那段文字描述的，2022年8月5日，神舟十四号航天员上天整整两个月后，还要抽一定的时间进行物资整理（图3-6）。8月5日当天，他们分了上、下午两个阶段整理物资，总共花了五个半小时！

图3-6　神舟十四号航天员整理物资

拆完"快递",整理好"房间"后,航天员还要进行全面的"大扫除",清洁和维护舱内环境。先用湿纸巾、毛巾把各种设备和舱壁表面擦拭一遍(图3-7),再用和吸尘器差不多的残渣收集器吸一吸各种食物残渣、碎发等飘浮的杂物,空间站就干干净净、焕然一新啦!

图3-7 神舟十四号航天员用湿纸巾、毛巾打扫空间站

扫码观看

实验、训练和教书,还要出舱做任务,航天员的工作你真的心里有数?

　　航天员在太空的每一天都是精心计划的,要遵循每天的工作日程完成各项任务。我们前面说的拆快递、装柜子、整理房间只是航天员工作的一小部分。他们的工作清单里还包括开展科学实验,进行在轨训练,化身太空教师太空授课,以及出舱完成设备安装与测试等。每天的具体任务不尽相同,一般来说是各种工作、任务多线并行。

　　神舟十三号航天员在天上出差了半年,完成了37项科学实验,2次出舱活动,以及2次"天宫课堂"太空授课活动。看看他们精彩纷呈的成绩单,你就能够想象航天员每天的任务有多繁重!让我们大致了解一下航天员都要完成哪些工作吧!

科学实验:一闪一闪亮晶晶,来自天上一颗心?

　　为了更好地了解太空环境对人体心脏会造成什么样的影响,神舟十三号航天员进行了太空环境心肌细胞观测实验(图3-8)。

图 3-8 太空环境心肌细胞观测实验

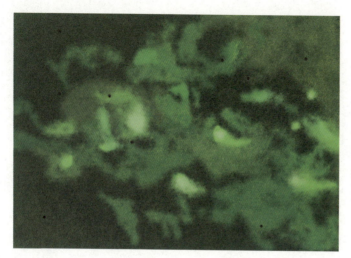

图 3-9　人类首次观测到微重力条件下的心肌细胞"钙信号闪烁"

　　心肌细胞是心脏结构和功能的基本单位。我们的心脏搏动受细胞内钙信号的调控，心脏的有规律搏动需要细胞能够正常释放钙离子。使用特定的荧光染料检测钙离子，可以在荧光显微镜下观察到钙信号的律动和闪耀。随机发生的微米尺度的动态高钙信号被称为"钙信号闪烁"，图 3-9 为太空环境心肌细胞收缩过程中钙信号的闪烁，这是人类首次观测到微重力条件下的心肌细胞"钙信号闪烁"过程。一闪一闪亮晶晶的不是小星星，而是来自一颗太空中的心肌细胞！

　　通过对比心肌细胞在地球环境和太空环境下的收缩过程和特点，能够更好地了解太空环境对人体的影响，后续进一步的研究将为心脏病的预防与治疗、大众健康提供非常好的实验模型。

在轨训练:是演习,不是演戏

"空间站遭受撞击!全体紧急撤离!"

这可不是在拍什么科幻大片,而是神舟十三号三名航天员首次在轨紧急撤离演练,是演习,不是演戏!这次演练主要是模拟天宫空间站的天和核心舱遭遇空间碎片撞击,内部产生了气压降低的情况,三名航天员必须紧急撤离到神舟十三号的返回舱中(图 3-10)。

图 3-10 神舟十三号航天员进行首次在轨紧急撤离演练

在天和核心舱响起警报后,航天员翟志刚迅速通过仪表判断是哪个地方出现了泄漏,明确核心舱没有泄漏后,又去查看载人飞船是否有泄漏。叶光富打开应急气瓶,根据舱压下降速率和下降情况进行处置,确保舱内压力稳定。经检查,载人飞船一切正常。王亚平和叶光富迅速关闭了天舟二号和天舟三号舱门。几分钟后,三名航天员顺利撤离到了神舟十三号返回舱,圆满完成了在轨紧急撤离演练。

针对长期飞行任务中的重要项目,航天员需要定期在轨训练,确保以最佳状态应对各项关键任务和应急任务,例如交会对接操作训练、机械臂操作训练等。

天宫课堂:冰墩墩现身最"高"学府

神舟十三号三名航天员化身"太空教师",将空间站作为最"高"学府,开展了两次"天宫课堂"太空授课活动,展示了空间站的生活、工作环境,以及一系列奇妙的太空实验。在"天宫课堂"第二课上,冬奥会"网红"冰墩墩作为王亚平老师的助教,在太空抛物实验中闪亮登场(图3-11)。"天宫课堂"以别开生面的内容,天地互动的方式,吸引了千万青少年的关注,在线观看与相关报道浏览量超过10亿次,极大地激发了他们不断追寻"科学梦"的热情。

图3-11 "天宫课堂"第二课太空抛物实验,冰墩墩化身助教

出舱活动：给空间站装个"自拍杆"

翟志刚："我已出舱，感觉良好！"

王亚平："我一会儿出舱，感觉良好！"

叶光富："我下次出舱，感觉良好！"

图 3-12　神舟十三号第一次出舱活动，王亚平（右）成为中国首位出舱女航天员

好可爱的"群口相声"！这是 2021 年 11 月 7 日，神舟十三号进行第一次出舱活动时的"名场面"。航天员翟志刚首先出舱，在他出舱后，三位航天员共同演绎了这段经典的"群口相声"，从此神舟十三号乘组也被称为"感觉良好"三人组。随后王亚平也成功出舱，成为中国首位进行出舱活动的女航天员，迈出了中国女性舱外太空行走第一步。她与翟志刚一起完成了机械臂悬挂装置与转接件安装、舱外典型动作测试等任务。

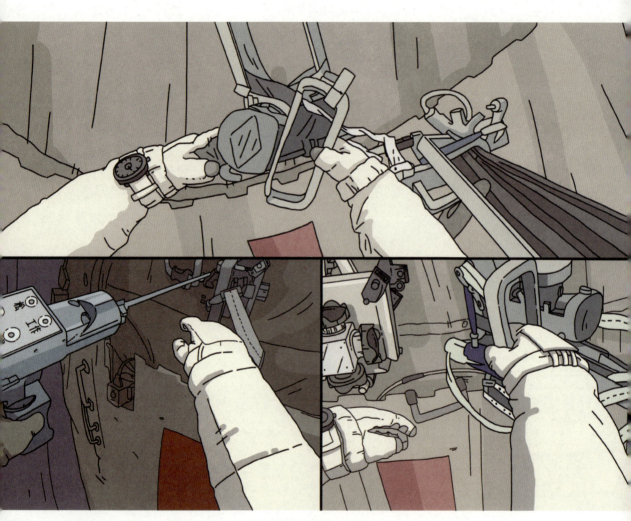

图 3-13 神舟十三号航天员正在给全景相机安装一个支架

2021年12月26日神舟十三号完成了第二次出舱活动,任务清单中有一项"全景相机C抬升"的任务。难道相机在上天之前放错了位置,不够高,上天之后需要航天员手动去抬升?

其实,这是因为受"胖五"(长征五号B运载火箭)火箭整流罩直径的限制,在发射阶段只能先给全景相机安排一个"小板凳",紧贴在天和核心舱舱体外壁。到了天上之后,再靠航天员出舱给全景相机换一个"高桌子",在舱壁上安装一个支架(图3-13),让它"站"得更高,观察空间站的视角更宽阔。全景相机抬升之后,空间站就拥有了一个宇宙级的自拍杆,能够360°全景视场实时成像,像空间站的"眼睛"一样,可以更好地观察空间站的舱外设备、机械臂的运动情况和航天员出舱活动情况。

太空美食有多香

04

看了航天员的菜单，吃货居然给馋哭了？

提起太空食品，如果你想到的还只是压缩饼干和"吃牙膏"，那真是太落伍啦！让我们一起来看看神舟十二号航天员在 2021 年 6 月 21 日这一天的花式菜单吧（图 4-1）。

- 早餐：藜麦桂花粥、椰蓉面包、酱萝卜、卤鹌鹑蛋、甜蜜蜜
- 午餐：什锦炒饭、红烩猪排、太空香粽、尖椒土豆、菘菜牛肉汤
- 晚餐：米饭、辣味金枪鱼、奶香鸡米、香菇肉沫、酱香油麦菜
- 佐餐：桃汁、香卤鸡胗、巧克力、曲奇饼干、什锦罐头

图 4-1　天宫空间站 2021 年 6 月 21 日菜单

图 4-2 太空香粽和粽叶

　　看完这份菜单，吃货们纷纷表示"馋哭了"，能蹭个饭不？更让吃货们没想到的是，航天员在天上也能吃到粽子！作为传统节日美食的扛把子，粽子在每年端午节前后都会引爆一场"甜咸大战"：北方人认为粽子必须是甜的，南方人主张咸粽子才是王者。那么，太空粽子站哪一队呢？航天员更偏爱豆沙馅的，甜粽子在太空赢得一局！不过，为了方便储存和加热，太空香粽不是地面上常见的三角形，而是扁平形状的（图 4-2）。为了让航天员有在家过节的感觉，科研人员专门在粽子的背面配上了一片小小的粽叶，保留了太空香粽最后的倔强，这样航天员在天上吃粽子也是仪式感满满！

其实，这个菜单只是太空美食的一小部分。我国的太空食品有一百二十多种，菜单是根据航天员出发之前的个人口味调查安排的，营养丰富，品类繁多，几乎把满汉全席搬到了天上。且不说"招牌菜"鱼香肉丝、宫保鸡丁、黑椒牛柳管够，天上还能够自制酸奶（图4-3），实现了"酸奶自由"！航天员刘伯明表示，在太空喝的酸奶"非常爽口"！

图4-3 太空自制酸奶

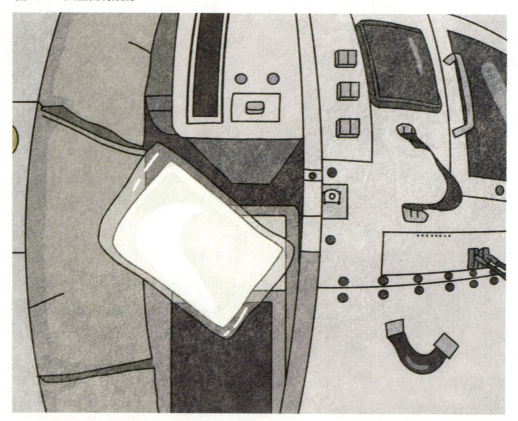

国际空间站的食物主要由美国和俄罗斯提供，菜单上有将近两百多个品种，主要分为以下几类：早餐、甜点和小吃、肉类和鱼类、配菜、蔬菜和汤，以及饮料。下面是国际空间站的一份菜单：

· 早餐：炒鸡蛋、燕麦粥、格兰诺拉麦片、香肠土豆泥、果脯、槭糖松饼

· 午餐：豌豆汤、莎莎酱鸡肉、大虾意面、沙拉金枪鱼通心粉、奶油焗花椰菜、茄子西红柿

· 晚餐：烤牛胸肉、牛肉方饺、花生酱鸡肉、烤土豆、红豆米饭、奶油菠菜

· 点心：巧克力布丁蛋糕、酥皮杏仁饼、格兰诺拉麦片棒、夏威夷果、柠檬蛋糕、奶油饼干

· 饮料：咖啡、茶、冲泡牛奶、可可饮料、橙汁、柠檬汁、草莓汁

国际空间站由十几个国家参与建造，来自近20个国家和地区的航天员曾经到访，他们在菜单上添加了自己国家独特的菜肴，包括马来西亚沙爹、韩国泡菜、日本寿司、法国马卡龙（传统法式甜点）等。

2019年，阿联酋首位航天员哈扎拉·阿勒曼索里前往国际空间站时，携带了专门为此次太空任务研发的三道阿联酋传统菜肴（图4-4），分别是马德罗巴（用香料调味的盐腌鱼）、沙龙（由辛辣的蔬菜和肉或鱼制成的传统阿联酋炖菜）和巴拉瑞（传统阿联酋早餐，用鸡蛋、洋葱、肉桂和油烹制的加糖粉条），用于在太空举办首届阿联酋美食之夜，推广阿联酋文化。

因此，国际空间站的太空美食来自五湖四海，食物的多样性在不断增加。航天员可以吃上"百家饭"，充分感受美食文化的融合。

按膳食结构中的作用和营养功能划分，太空食品主要分为"三食三品"六大类，即主食、副食、即食（佐餐、休闲食品）、饮品、调味品和功能保健食品。从国内、国外航天员的菜单不难看出，随着太空食品冷藏设备和加热装置的飞速发展，太空食品的类型和品种已经很接近地面食品。但两者在储存与食用方式上仍有很大的不同，许多太空食品在上天之前需要经过冷冻干燥、在地面热加工、冷冻冷藏或者辐照等处理方式，显著减小食品的体积和重量，同时杀死有害生物，以便储存。

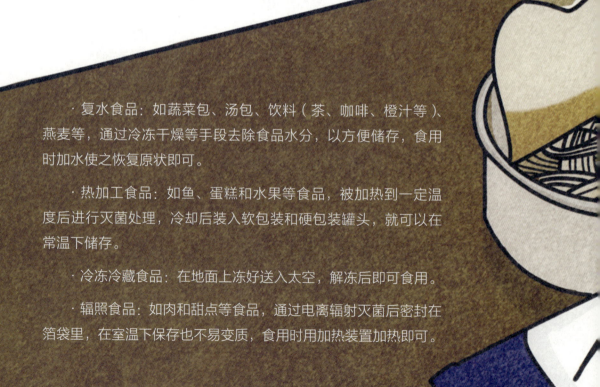

· 复水食品：如蔬菜包、汤包、饮料（茶、咖啡、橙汁等）、燕麦等，通过冷冻干燥等手段去除食品水分，以方便储存，食用时加水使之恢复原状即可。

· 热加工食品：如鱼、蛋糕和水果等食品，被加热到一定温度后进行灭菌处理，冷却后装入软包装和硬包装罐头，就可以在常温下储存。

· 冷冻冷藏食品：在地面上冻好送入太空，解冻后即可食用。

· 辐照食品：如肉和甜点等食品，通过电离辐射灭菌后密封在箔袋里，在室温下保存也不易变质，食用时用加热装置加热即可。

图 4-4 首位阿联酋航天员将三种阿联酋传统美食带上国际空间站

此外，科学家还研制了多种能够"一口吃"的即食食品，如牛肉干、桃干等。这种食品含有 15% ～ 30% 的水分，水分含量低于新鲜果蔬和肉禽类食品，足以抑制食品中的细菌繁殖，又高于传统脱水食品，食物质地柔软口感更丰富。它体积不大，便于携带。食用时无须复水，也无须冷藏，直接一口一个，进食方便，同时有效避免了食用时产生碎屑。

在保证安全性的前提下，为了能够最大限度保留食品的原有风味和品质，大多数太空食品为袋装或罐装，采用无菌包装袋、金属罐、蒸煮袋或者纳米复合包装材料，利用无菌包装技术，在食用时根据不同情况进行处理（图 4-5）。

图 4-5 太空食品多为袋装或罐装

舌尖上的诱惑：能私人定制，还能开盲盒？

我的美食我能点，天上口福真不浅

俗话说"萝卜白菜，各有所爱"，每个人对食品的喜好各不相同。因此，每位航天员可以"私人定制"一部分食品，由科研人员根据他们偏爱的口味进行研发或者对食品进行调整，实现"我的美食我做主"。例如，神舟十三号航天员翟志刚、王亚平、叶光富分别来自黑龙江、山东和四川，科研人员给翟志刚准备了他喜欢的炖菜，东北土豆炖豆角，巨下饭！给王亚平带上了金枪鱼、海带丝等海产品，给叶光富准备的当然就是火辣辣的成都美食，还有竹笋类的食品。

在国际空间站,每名航天员可以按自己的喜好定制个人食品,这类食物占每个人食品总量的10%。例如,欧洲空间局根据意大利首名女航天员萨曼莎·克里斯托弗雷迪的需求,专门为她开发了几个营养均衡的食谱,包括含有鲭鱼和干番茄的藜麦沙拉、鸡肉配蘑菇和豌豆等。英国首位航天员蒂姆·皮克则更有口福,将英国著名的米其林三星大厨赫斯顿·布卢门塔尔精心制作的七道太空大餐带上了国际空间站。为了给航天员设计健康、营养均衡的食谱,英国面向中小学生举办了太空食品征集大赛,由名厨赫斯顿·布卢门塔尔带领团队根据获胜食谱精心制作出了七道创意非凡的太空食品。蒂姆·皮克按自己的口味定制的一份太空食谱如下,其中带*号的食物就是由米其林三星名厨团队制作的。

- 早餐:培根三明治加番茄酱*、袋装有机水果泥
- 餐后小吃:加蜂蜜的槭糖松饼
- 午餐:香肠土豆泥*、奶油焗花椰菜、烤豆
- 午后小吃:花生黄油果酱三明治(用玉米饼替代面包)
- 晚餐:阿拉斯加三文鱼*、奶油菠菜、奶酪焗土豆、苹果甜点*

蒂姆·皮克表示,加了酸豆的阿拉斯加三文鱼是他的最爱,味道好极了,酸豆在嘴巴里爆开的感觉超级棒。

"上天"安排的惊喜

除了"私人定制"之外,航天员在太空还能享受到三类特别的食品:奖励食品、节日食品,以及"盲盒"食品。这些食品让航天员大饱口福的同时,也带来了心情上的愉悦。

奖励食品是为航天员庆祝完成重大任务或者特别的活动准备的食品。例如神舟十二号乘组完成首次出舱活动后,指令长聂海胜为刘伯明和汤洪波准备了丰盛的食品,庆祝他们出舱成功。国际空间站的航天员每个月都会得到一盒奖励食品,可能是零食,也可能是特别制作的食品。

节日食品是为航天员在太空度过传统节日准备的食品,既有与地面相同的传统美食,也有为庆祝佳节准备的特色佳肴。例如我国神舟十三号航天员翟志刚、王亚平和叶光富在天宫空间站过春节,饺子作为年夜饭的重头戏当然少不了!王亚平是山东烟台人,烟台的美食名片——肉质细腻、鲜美嫩滑的鲅鱼饺子也飞上了航天员除夕夜的餐桌,另外两种则是传统的猪肉白菜饺子和新品黄花菜饺子。看看航天员在天上吃着饺子(图4-6),网友们纷纷开始操心"可以蘸醋吗?"必须的!吃饺子不蘸醋,饺子就失去了灵魂!不过在太空蘸的醋是小袋包装的,要小心地挤到饺子上,防止醋汁飞溅。

图4-6 神舟十三号航天员除夕夜在太空吃饺子

国际空间站的标准菜单也包括感恩节、圣诞节、新年等许多节日的传统美食，如烟熏火鸡、蜜饯山药、冻干玉米面包酱、蔓越莓酱等。来自不同国家的航天员前往国际空间站，有时会带来意外惊喜。法国航天员托马斯·佩斯凯与法国米其林二星大厨蒂埃里·马克斯多次沟通，最终将大厨精心制作的几道法式风味带到了国际空间站。在元旦前夜，六名航天员享受了一顿美味的"法式大餐"（图 4-7）：牛舌作为开胃菜，鸡胸肉配羊肚菌作为主菜，还有传统的姜饼作为甜点。

图 4-7 国际空间站航天员在元旦前夜享用米其林大厨制作的法式大餐，右上角三个食品罐头从上至下依次为：牛舌、姜饼、鸡胸肉配羊肚菌

盲盒因为随机性和趣味性风靡世界,而且还火上了天——航天员在太空也能拆"盲盒"!"盲盒"食品是为航天员生日等特殊场合准备的神秘礼物,妥妥的"上天"安排的惊喜!

早在 2016 年,航天员景海鹏在天宫二号空间实验室迎来 50 岁生日时,就收到了专门为他准备的一份太空"盲盒"——两个手掌大小的罐装奶酪蛋糕。图 4-8 是神舟十四号航天员蔡旭哲撕开精美的包装纸,取出一份为他们准备的食品盲盒的场景,盲盒外还有一个洒满红色爱心的漂亮软包装袋,地面人员也真是用心了!不知道盲盒里到底是什么样的惊喜呢?

图 4-8 为神舟十四号航天员准备的食品"盲盒"

意大利航天员保罗·内斯波尔也收到过类似的惊喜"盲盒"。有一次他在参加地面举办的电话会议时随口提到他想吃比萨,没过多久,"天鹅号"货运飞船给国际空间站"送快递"时就为他带来了一个食材"盲盒"。他拆开一看,竟然是制作比萨的全部原材料——饼胚、软乳酪、香肠、橄榄等一应俱全。航天员们开心地动手做了四个不同风味的家常比萨,把它们包上铝箔纸放入电烤箱中烘烤,美美地享受了一顿新鲜出炉的比萨大餐(图4-9)。

图 4-9　国际空间站航天员收到食材"盲盒"在天上自制比萨

锻炼身体
有多强

05

明明不是运动员，为何每天要锻炼？

航天员每天都很繁忙，工作安排得满满当当。可是，不管工作多么紧张，所有航天员每天都会抽出两个小时以上健身。明明不是运动员，为什么每天都得花这么长时间锻炼？难道是为了保持身材，在太空更好地自拍？

在太空坚持锻炼，可不是为了强身健体、自拍好看这么简单，而是关乎到航天员生命健康的大事。在地球上，重力使得我们身体的骨骼和肌肉每时每刻都承担力的负荷，不知不觉中骨骼和肌肉就得到了锻炼，保持足够的强壮。在太空微重力环境下，骨骼和肌肉偷懒"躺平"，工作大大减少，这样"放飞自我"一段时间后，骨骼会变得脆弱，肌肉也变得虚弱，给航天员的身体带来骨骼和肌肉损失等一系列复杂的变化。

同样的情况也发生在心脏上，心脏在太空环境下泵血时，不像在地球上需要对抗重力的作用，心肌的负担减少，心跳变慢，心脏会因此缩小。此外，航天员还会出现视力下降、血管老化、颈背疼痛等多种症状。这里以骨骼和肌肉为例，看看航天员在天上其骨骼和肌肉会出现什么样的变化。

骨质疏松："钢筋铁骨"变成"豆腐渣"

在太空环境下长期停留，航天员会出现骨骼质量减轻，骨密度（反映骨强度的一个指标，指骨单位体积的矿物质含量，即骨量）下降的症状，导致航天员骨质疏松（术语为"空间骨丢失"）。也就是说，拥有"钢筋铁骨"的人在太空呆久了也会因"骨丢失"变成"豆腐渣"！

人体的骨骼好比一个在不停建设的房子，骨骼形成、生长和发育依赖于一个平衡的系统，里面有两类勤勤恳恳的"打工人"，负责"拆房子"的破骨细胞和负责"盖房子"的成骨细胞。正常情况下一边拆一边建，骨吸收与骨形成处于一种动态平衡中（图5-1）。

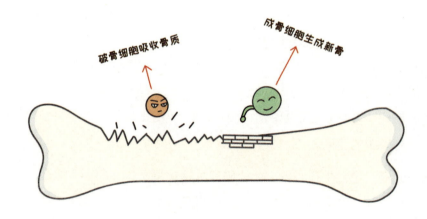

图 5-1　破骨细胞与成骨细胞工作原理示意

图 5-2　与地面环境相比（左），太空环境中（右）骨质流失增加

健康的人骨骼会适应所在部位所需承受的负载，"用进废退"，如果骨骼的负载增加了，骨骼会慢慢变得强壮以承受负载；如果负载减少了，骨骼新陈代谢也会减慢，骨骼就会变细。

在太空中，航天员的整个骨骼承受很小重量，肌肉张力降低，负责"盖房子"的成骨细胞感受不到重力的刺激，自然而然地"消极怠工"，而此时"拆房子"的破骨细胞还在努力工作，起劲地"啃骨头"，并从骨头里带走很多钙，放进了血液里，骨形成与骨吸收的动态平衡被打破。如果航天员不运动，不刺激成骨细胞加紧工作，骨骼减弱了制造新骨细胞并替换旧骨细胞的能力，骨质大量流失，使得骨骼变得脆弱，成了"豆腐渣"，引发严重的骨质疏松（图 5-2）。

研究发现，在太空度过数周或数月后，航天员会失去大量的骨质。其中，脊椎、颈部和骨盆的骨密度损失约为每月 1.0%～1.6%，相当于地球上一个老年人一年时间损失的骨密度；皮质骨（全身和腿部周围较重的骨骼外部部分）的骨密度损失约为每月 0.3%～0.4%，一年损失的骨密度大约相当于地球上一个健康的成年人在十年内的损失量。

骨密度损失是航天员健康面临的各种风险之首,会导致严重的骨质疏松,返回地球后更容易骨折,对航天员的健康造成很大影响。据报道,有两名国外航天员在长时间的太空飞行后发生了髋部(人体大腿的根部与骨盆、躯干的连接处)骨折。因此,航天员必须每天坚持锻炼,给予骨骼足够的刺激,使它们保持足够的强度。航天员回到地面后,通过促进成骨细胞增殖的治疗和康复训练等措施,可使航天员的骨密度恢复到正常水平。

肌肉萎缩:"肌肉猛男"变成"弱鸡"

在太空环境下,航天员几乎不需要收缩肌肉就能四处走动。在地球上长期卧床静止不动会导致肌肉萎缩,在太空也是如此,肌肉活动明显减少就会开始萎缩,尤其是对行走、负重和地面站立起支撑作用的肌肉,例如小腿肌肉、背部肌肉和颈部肌肉等,没有定期的锻炼,这些肌肉就会变得衰弱和退化(图5-3)。

研究表明,在太空停留180天就会导致航天员肌肉力量下降11%～17%,肌肉耐力下降10%左右。如果长期在太空生活,又不锻炼的话,肌肉猛男就会被打回原形,变成瘦弱男生了。

为了避免出现"钢筋铁骨"变成"豆腐渣","肌肉猛男"被打回原形变"弱鸡"的情况,科学家们为航天员制定了严格的锻炼计划,每天必须按照这个"运动处方"进行两个小时以上的高强度训练。锻炼就是工作的一部分,而不是休闲。

规律性的运动能够让肌肉对骨骼产生足够的应力,有效刺激成骨细胞产生新的骨组织;规律性的运动能给肌肉带来足够的刺激,维持核心肌肉的强度,防止肌肉退化。只有坚持锻炼,才能抵抗长期停留太空后身体机能的衰退,让身体在微重力状态下保持骨骼强壮,防止肌肉松弛。这样航天员才能够英姿飒爽地执行关键任务,处理紧急情况,也能在太空展示好身材,美美地自拍啦!研究表明,在任务结束回到地面后,经常锻炼、保持良好身体状态的航天员能较快地重新适应地球的重力环境。

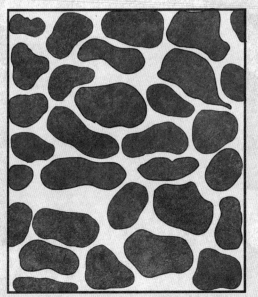 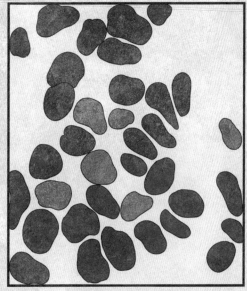

图 5-3　相比于地球环境(左)下的肌肉,太空环境(右)下大鼠肌肉发生了萎缩

 **小故事**

秘密武器绑腰中,天上能跑马拉松

作为世界六大马拉松赛事之一,伦敦马拉松吸引了无数马拉松爱好者参赛。2016 年,来自世界各地的大约 3.8 万名选手参加了伦敦马拉松,其中有一位极为特殊的参赛选手——英国首位航天员蒂姆·皮克。他来自天上!他在距地球 400 千米的太空中为这场马拉松"发枪",并在国际空间站的跑步机上以 3 小时 35 分 21 秒跑完全程,刷新了吉尼斯世界纪录,成为在太空跑马拉松最快的人(图 5-4)。

蒂姆在 1999 年曾经参加过伦敦马拉松,以 3 小时 18 分 50 秒的成绩完赛。由于在太空跑马拉松没有那么简单,比赛前他在太空针对性地训练了 5 个月,并给自己设定了 3.5~4 小时跑完全程的目标。帮助他完成目标的是一个秘密武器——绑在腰部的一个类似双肩背包的束缚系统(图 5-5),这个装置由一条绳索与跑步机相连。"背包"有腰带和肩带等安全带,能够在跑步过程中提供相当大的向下力度,把蒂姆约束在跑步机上,使身体固定在跑步机上而不是飞出去。通过调节保护带的压力可以控制跑步时感觉到的重量,蒂姆将安全带的拉力设置成体重的 70%,听起来似乎比在地面上跑步轻松一些。但其实在天上跑步是蹦跳着的,需要额外用力,更糟糕的是,在跑马拉松的过程中,蒂姆的肩膀和腰都被安全带拉伤了。

图 5-4 英国航天员蒂姆·皮克在太空跑完马拉松

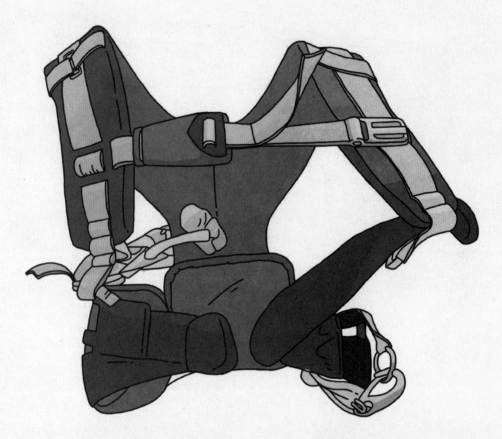

图 5-5 完成太空马拉松的秘密武器

蒂姆表示，如果不是他所在单位欧洲空间局的同事、参赛的数千跑步者，以及全球观众在电视直播中给予的鼓励与支持，他可能无法坚持跑完全程。在完成比赛后，蒂姆整整休息了三天，安全带造成的淤伤才逐渐缓解。太空马拉松真的是异常艰苦，一点也不轻松！

在太空跑马拉松,也有一些很有趣的地方。比如,永远不会受天气影响!蒂姆说,英国经常下的毛毛雨,是他最喜欢的跑步天气,而空间站的温度比他习惯的运动温度要高很多,导致他流了很多汗,不得不补充大量的水分。在地球上跑马拉松当然会流汗,汗滴会往下流,或者在身上干掉。而在太空跑步,汗滴不会往下流,小汗滴会逐渐汇聚成一个大水珠粘在皮肤上,需要用毛巾擦掉。补充水分相对比较容易,不用像在地球上一样跑到补给站才能喝到水,只需要仰仰头,天花板上就有水袋!在地球上,马拉松的观众与参赛者是分离开来隔着相当一段距离的,而在天上,随时都可能有"观众"飘过,露个脸抢个镜头,还能顺手给参赛者补充点好吃的(图 5-6)!

图 5-6　蒂姆·皮克跑太空马拉松时,同事飘过抢镜

娱乐休息
有多爽

06

读书追剧玩游戏,航天员的休闲活动如此接地气?

在地面上,休闲活动往往被视为工作与生活的调剂品。在空间站里,虽然航天员的工作非常忙碌,但休闲娱乐也是航天员"太空之旅"的一部分,而且是非常关键的部分。休闲活动对航天员的心理健康至关重要,帮助他们在极具挑战性的环境中缓解压力,放松心情,确保工作顺利进行。

航天员在睡前和周末都能享受一些自由支配的空闲时间,空间站给航天员们配备了可以调节心情的休闲娱乐设施。他们和我们在地面一样,也是读读书,听听音乐,追追剧,玩玩游戏,相当接地气!

天上读书选择多

国际空间站有一个藏书丰富的图书馆,从科学书籍《物种起源》,到经典文学名著《乱世佳人》《名利场》《战争与和平》,从儒勒·凡尔纳、阿西莫夫的科幻小说,到畅销小说《天使与魔鬼》《达芬奇密码》,从名人传记《尤里·加加林自传——通往星星之路》到科普书《一颗原子的时空之旅——从大爆炸到生命诞生的故事》,可谓包罗万象、无所不有,总有一款适合你!航天员也可以带上自己喜欢的书,像在地球上一样把时间花在他们喜好的图书上。比如这位航天员(图6-1),显然是科幻小说家亚瑟·克拉克的超级粉丝,把他的经典科幻小说《2001太空漫游》带上了国际空间站。

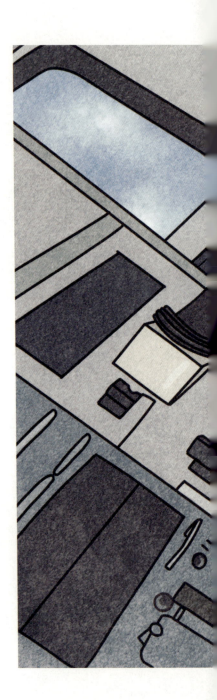

图6-1 航天员在国际空间站阅读科幻小说《2001太空漫游》

图 6-2　天宫空间站为 2022 北京冬奥会"变"出一个奥运五环

太空追剧也疯狂

　　航天员在上天之前会按自己的喜好，事先下载好一些自己喜欢的电影、电视剧、小品等，在休闲时间翻着看。航天员翟志刚在上太空前下载了电视剧《人间正道是沧桑》，王亚平则在太空追上了《理想之城》。航天员聂海胜也曾在采访中谈到过，自己的"太空追剧单"是当时的热播大剧《扫黑风暴》，他在天上一口气看了28集！网友们不禁好奇地问，航天员看剧也要充会员吗？

　　国际空间站的航天员追起电视剧来也是劲头十足，风靡全球的奇幻电视剧《权力的游戏》拍了整整八季，美国航天员斯科特·凯利在天上居然刷了两遍！

　　如果航天员有其他电影、电视剧的需求，可以向地面提出请求，任务控制中心会根据指令安排节目上传。

　　航天员在空间站上也可以观看各种娱乐节目，从电视节目和电影到体育赛事和有线新闻。俄罗斯航天员大多是足球迷，所以当世界杯开始时，俄罗斯航天员在休息时间几乎就粘在了屏幕上。2022年北京冬奥会开幕式前，神舟十三号航天员在天宫空间站"变"出了一个奥运五环，为冬奥会运动健儿加油喝彩（图6-2）。冬奥会期间，航天员能够通过电视实时观看奥运会，与全国观众共同见证中国奥运健儿摘金夺银的精彩瞬间，这也为他们的太空生活增添了很多乐趣。

图 6-3　航天员叶光富在空间站玩益智游戏"华容道"

游戏玩出新高度

　　心理学家认为,玩益智游戏是在太空任务期间保持心理健康的重要手段,可以让航天员摆脱在工作环境中被"困住"的感觉。同时,玩游戏也可以增加航天员之间的交流,有利于保持健康的心态。因此玩游戏也是航天员的工作之一!航天员叶光富曾边飘边玩古老的中国民间益智游戏"华容道"(图 6-3),关羽也是"醉了",怎么到了天上,还有人惦记着去救曹操!网友们则开心不已,终于找到了与航天员的共同点,玩过同款游戏!

国际象棋是世界上广为流行的智力游戏之一，有助于培养逻辑思维，提高专注力。早在1970年，国际象棋就被玩上了天。在苏联的"联盟"9号飞船上，航天员维塔利·塞瓦斯季扬诺夫和安德里安·尼古拉耶夫与在地面的两位同事展开了太空和地球之间第一场国际象棋比赛，比赛持续六个小时后以平局结束，飞船已经绕地球飞了四圈。

为在太空下国际象棋，苏联科学家还专门设计了一套特殊的榫卯结构棋盘，每颗棋子只能通过一系列凹槽移动，确保棋子不会在微重力状态下从棋盘上飘走（图6-4）。有意思的是，这场比赛的参与者之一航天员维塔利于1977年成为苏联国际象棋联合会主席。在太空下过象棋，水平果然不是一般的"高"！

图6-4 "联盟"9号飞船上特别设计的国际象棋棋盘

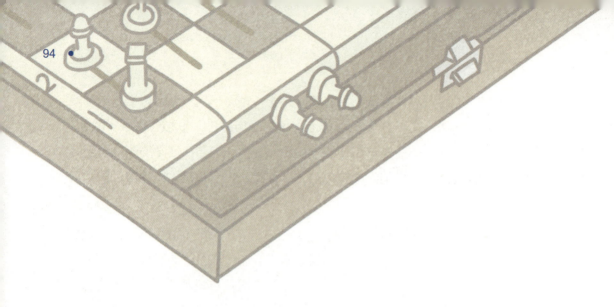

尽管 1970 年就已经进行了太空和地球之间的国际象棋比赛，但"地球对太空"这个象棋游戏名称直到 2008 年才出现。加拿大裔美国航天员格雷格·查米托夫是一位象棋爱好者，他精心选择了一套可以适应微重力的国际象棋准备带上国际空间站。这套象棋带有磁性片和一块有柔性金属内层的毡板，棋子能够非常可靠地粘在板上不会飘落。

然而，美国国家航空航天局的安全专家不希望有任何磁性物品被带上空间站，以免干扰电子设备运行。怎么办呢？解决方案既简单又有效：魔术贴！格雷格买了一套便宜的空心塑料片，剪下圆形的魔术贴把它们包装起来，并将它们连接到 32 个棋子的底部。在这套自制的太空棋盘（图 6-5）上完美地完成了第一场"地球对太空"象棋比赛，比赛在格雷格与一个学生团队之间进行。由于在国际空间站工作繁忙，格雷格只能在时间允许的时候行棋，大约每 48 小时才走 1 步！这场持续了数月的象棋比赛以地球队获胜告终，毕竟，地球队的每一步是由地球上一大群人投票决定的。

图 6-5 美国航天员格雷格·查米托夫在国际空间站上与地面进行国际象棋比赛

阿纳托利·伊万尼辛

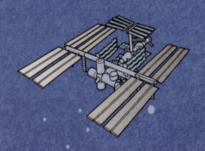

为了纪念第一场太空国际象棋比赛 50 周年，2020 年，莫斯科航天博物馆、俄罗斯国家航天集团和俄罗斯国际象棋联合会共同举办了一场"地球对太空"国际象棋比赛。太空队代表是来自国际空间站的俄罗斯航天员阿纳托利·伊万尼辛和伊万·瓦格纳，地球队代表则是国际象棋世界杯赛冠军和世界国际象棋快棋锦标赛冠军谢尔盖·卡尔亚金。航天员在国际空间站使用平板电脑，谢尔盖在地面

使用普通棋盘，经过 16 分钟的激战，双方握手言和。谢尔盖表示："比赛很有趣也很激烈，人类大脑在太空中似乎可以非常良好地运转！"这位世界冠军可能万万没想到，俄罗斯航天员的象棋水平如此逆天！这场比赛吸引了超过 80 万人在线观看，让各行各业的人们跨越空间互相交流，可谓玩游戏玩出了新高度。

图 6-6　纪念太空象棋比赛 50 周年的"地球对太空"国际象棋比赛

谢尔盖·卡尔亚金

 小故事

仅设四个项目，比赛如同儿戏，这届奥运会凭什么火出天际？

2021年8月，一场特殊的奥运会火出天际。比赛仅设四个竞技项目，总共只有七名运动员参赛。七名选手嘻嘻哈哈地比赛，甚至一边比赛一边修改比赛规则，如同儿戏。谁能获得奖牌则由大众来评判，有网友表示，"金牌属于最英俊的运动员！"这样一场与"更快、更高、更强"毫不沾边的奥运会却吸引了全世界的目光，究竟是什么情况？

答案很简单，这是首届太空奥运会！

2021年8月8日东京夏季奥运会的闭幕式上，按照奥运会的传统，下一届的承办城市巴黎有8分钟的预热展示机会。"巴黎八分钟"的最后一个镜头是法国航天员托马斯·佩斯凯在国际空间站用萨克斯演奏法国国歌《马赛曲》（图6-7）。在瑰丽的太空中，托马斯像母体中沉睡的婴儿一样飘浮在国际空间站穹顶舱的窗前，窗外是蔚蓝的地球母亲。徐徐奏响的萨克斯惊艳四方，穿越时空的浪漫将整个世界通过奥运会连接在了一起。

图6-7 在国际空间站上进行的东京奥运会闭幕式"巴黎八分钟"演奏

受"巴黎八分钟"的启发，几天之后，国际空间站的航天员们在工作之余自发组织了首届"太空奥运会"，用前所未有的方式向奥运会致敬。空间站被世界各国的国旗装饰成比赛现场的样子，共有来自四个国家的七名选手参赛。尽管没有申请国际奥委会的批准，这场特别的奥运会还是得到了国际奥委会官方媒体的点赞与转发。

太空奥运会比赛没有按国家，而是按航天员乘坐的载人飞船型号分成了两只参赛队伍，"联盟号"队对阵"载人龙"队。

七名选手参加了四项受夏季奥运会经典项目启发而设置的竞技项目："无手"球（图6-8）、空中体操、同步飘浮和失重射击。

奥运会手球比赛是一种用手打球，以球攻入对方球门得分的球类运动。而太空奥运会的"无手"球其实是吹乒乓球比赛，队员们不能用手碰球，只能用嘴吹气，将乒乓球攻入对方的临时门洞。在太空环境下吹气，会把自己向吹气的反方向推跑，想要掌控方向比在地面困难很多。只见比赛双方在空间站里飘来飘去，你争我夺，吹！接着吹！最终还是"联盟号"队"吹"的水平更胜一筹，赢得了比赛。

图 6-8 首届太空奥运会"无手"球比赛

空中体操比赛可谓精彩纷呈，失去了重力的束缚，每位航天员都化身为体操健将，什么直体前空翻转体900°，分腿侧空翻两周转体270°，世界冠军的高难度动作信手拈来，不费吹灰之力。最终俄罗斯航天员杜布罗夫凭借一套难度系数很高的后空翻动作，而且全程没有触碰到国际空间站的任何物体而获得冠军。

"同步飘浮"是一个团体比赛项目，"联盟号"队与"载人龙"队不约而同地展示了太空"花样游泳"。在完全没有水的环境下，两只参赛队伍发挥了丰富的想象力，展示了出神入化的表演能力，别说应该给他们颁发奥运会金牌了，显然还欠他们一座奥斯卡小金人！

"失重射击"（图6-9）项目非常简单，选手将白色的橡皮筋向指定的目标射去，击中目标即可。赢得比赛靠的是专注力还是射击技巧？航天员表示，"主要靠运气！"

四项比赛圆满结束，别开生面的首届太空奥运会落下帷幕。最终赢得比赛的是全体参赛人员，充分体现了友谊第一、比赛第二的精神，也完美地体现了奥林匹克格言新增加的"更团结"。奥运会开到了太空，火出了天际，全人类因奥林匹克而聚集，而团结，这正是太空奥运会带给人们的最大价值和意义。

图6-9　首届太空奥运会"失重射击"比赛

天价马桶长这样，确定没上骗子当？

"空间站有厕所吗，长什么样？""在空间站怎么上厕所？"据航天员介绍，这是孩子们问得最多的几个问题之一。其实，太空厕所到底是蹲坑还是智能马桶，成年人也对这个问题很好奇！

图 6-10 是国际空间站上俄罗斯制造的太空马桶，这可是美国在 2007 年花了 1900 万美元（约合人民币 1.3 亿）进口的！从外表来看，它和地面上的普通马桶没有太大差别，甚至更加简陋。天价马桶就长这样吗？美国确定没有受骗上当？

别看太空马桶外表简陋，里面可全都是高科技！太空马桶不是抽水马桶，而是抽气马桶。不使用水不仅是因为水资源宝贵，还因为太空环境下马桶里的水可能会溢出来成为水珠，飘得到处都是。太空马桶的工作原理就像吸尘器一样，利用强劲气流吸力，将固体废弃物吸入到一个专门的贮存器中保存并处理，液体废物则会被气流输送到再生生保系统进行处理，循环再利用。所以，太空马桶不是简单的马桶，而是环境控制与生命保障系统的一部分，妥妥的黑科技。

图 6-10　国际空间站上俄罗斯制造的太空马桶

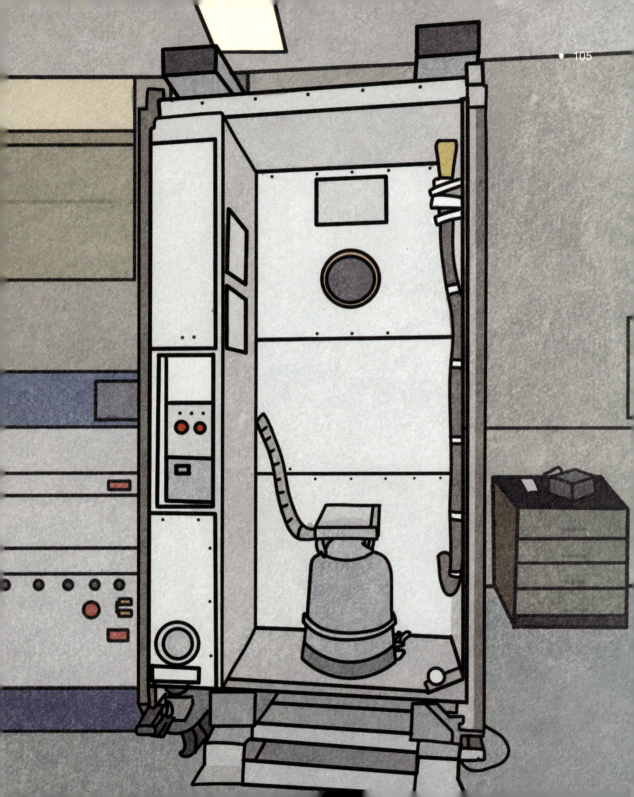

尽管俄罗斯的太空马桶价格不菲,但相比美国自己研发要耗费的时间和金钱来说,仍然是笔划算的买卖。由于年代久远,这个太空马桶不断出现大大小小的故障,美国于 2015 年开始研发新一代太空马桶。

2020 年 10 月,美国将这个研发了 6 年,价值 2300 万美元(约合人民币 1.5 亿)的新一代太空马桶(图 6-11)送入国际空间站,让航天员们展开测试。这个马桶的官方称呼,叫做通用废物管理系统。它又小又轻,高 71 厘米,体积只有俄罗斯太空马桶的一半,重量轻了 40%,只有 45 千克。新一代太空马桶全面升级,更符合人体工程学的设计,减少了清理和维护时间。

图 6-11 国际空间站上的新一代太空马桶

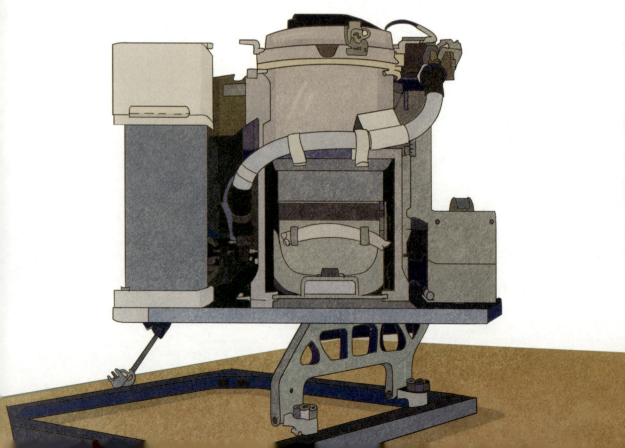

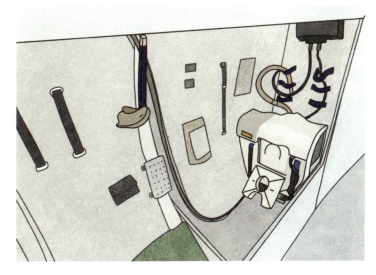

图 6-12　天宫空间站天和核心舱卫生间

天宫空间站在天和核心舱设有一个卫生间（图 6-12），里面的太空马桶（图 6-13）也同样是黑科技，通过环境控制与生命保障系统的尿处理子系统收集尿液，从中提取出蒸馏水，蒸馏水再进入水处理子系统进行深度净化处理。问天实验舱设有另外一个卫生间。

图 6-13　天宫空间站太空马桶

太空"方便"不方便，还得专门做训练？

由于太空环境的特殊性，在太空"方便"可没有在地球方便，操作起来比较复杂。为了避免排出的废物在空间站天女散"花"、满天飞"翔"，航天员在上天前要专门进行培训，掌握使用太空马桶的诀窍。

以俄罗斯太空马桶为例，马桶两侧各有一个把手，航天员"方便"时将把手向内拉，将大腿固定住，以保持自己身体的稳定，防止飘来飘去。

"小号"需要用到图 6-14 所示的黄色漏斗，这个漏斗是一个锥形容器，它的下部有一个空气泵开关。使用时，需要先打开空气泵开关，再对准软管，解决"小号"问题后将空气泵关闭。空气泵工作产生负压，将空气和尿液吸走，以进行下一步的处理。掌握合适的距离做到滴水不漏可没那么容易，所以在上天前需要反复练习，掌握其中的技巧。

图 6-14 国际空间站如何解决"小号"

"大号"则要使用一个很小的坐式马桶（图 6-15），小小的圆形开口的直径只有 10 厘米，而家用马桶的直径一般是 30 ～ 50 厘米。口径设计得如此之小是为了保证密封性，防止排泄物在微重力状态下四处飞散。为了 100% 能够对准这个微小的"洞"，在地面训练时在马桶内安装了一个带有摄像机的模拟器，还使用了十字准线来训练航天员如何对准，掌握"寸步难移"的技巧可真是不容易！与"小号"类似，"大号"时也要先打开空气泵开关再操作，完毕后将空气泵关闭。

图 6-15　国际空间站如何解决"大号"

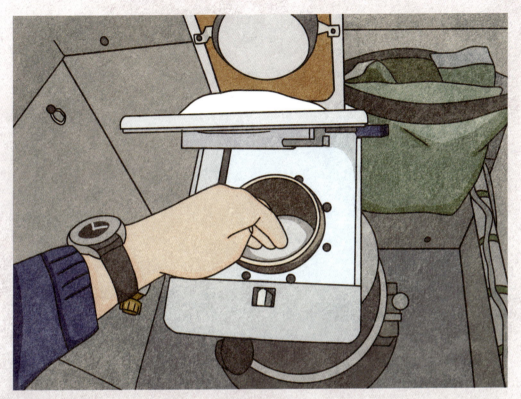

图 6-16 国际空间站"大号"后需要手动将密封袋推下去

马桶的下部是一个废弃物容器,里面装着橡胶袋,袋子上有几百个微型小孔,空气可以自由进出。"大号"完成以后,固体废弃物被自动密封在袋子里,需要航天员手动将密封好的橡胶袋推下去(图 6-16),在上面安装一个新的袋子,重复这个过程,直到容器被装满。废弃物容器大约每 10～15 天更换一次。

了解了太空"方便"的过程,是不是感觉在地球"方便"真的很方便!

什么,中国航天员都"躺平"了?

在微重力环境下,躺下和站着其实没有区别,航天员不用躺在床上,而是可以在面向任何方向的任何地方,以任意的姿势睡觉(图 6-17)。只不过在舱内飘来飘去,一不小心就会相互碰撞或撞到舱壁上,发生危险,所以不管睡在哪里,都需要把睡袋固定。美国女航天员妮可·斯托特总是选择在天花板上睡觉,因为这在地球上绝不可能实现,她表示,把睡袋系在头顶区域并飘浮在里面,实在是太酷了!

图 6-17 在空间站睡觉的千姿百态

不过，飘浮着睡觉并不舒服，它剥夺了重力带来的睡觉时的放松感，会有四处不着靠、自由下落的感觉。航天员们表示，在空间站飘浮了一整天，到了睡觉时间很想躺在床上，感受一下枕在柔软枕头上的感觉，借此放松下来，但是在太空却找不到这种感觉。有的航天员会在头上绑上一个枕头，以帮助身体找到躺下的感觉，诱发睡意。美国航天员斯科特·凯利在接受采访时说，他用弹力绳将自己固定在地板上，并将头绑在垫子上，模仿躺在床上睡在枕头上的感觉。

为了尽力营造与地球一致的环境，我国的天宫空间站在天和核心舱和问天实验舱专门设置了睡眠区，天和核心舱的睡眠区还横向布置了床铺。我们的航天员们在天上不用想任何招数，就能"躺平"了！神舟十三号航天员翟志刚在到达空间站，从天和核心舱节点舱进入小柱段时，第一个动作就是好奇地拉开睡眠区的一个小角，观察一下睡眠环境（图6-18）。

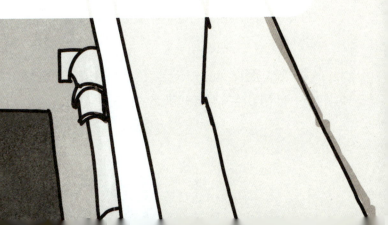

图 6-18　航天员翟志刚好奇地观察睡眠区

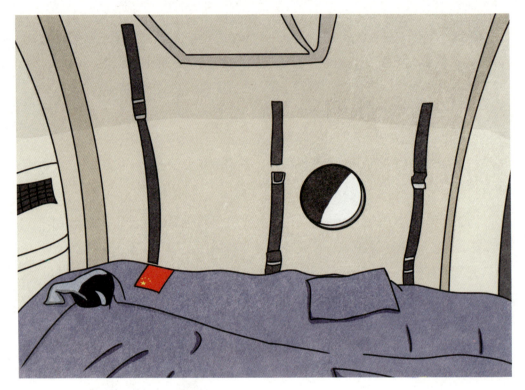

图 6-19 天宫空间站天和核心舱睡眠区

　　让我们跟随翟志刚的目光,一起来看看天上的床铺什么样吧。每一个睡眠区的容积大约为 3 立方米,比高铁的卧铺要宽敞,比国际空间站的睡眠区大一倍不止(图 6-19)。

　　繁忙而充实的一天结束,我们的航天员"躺平"了。美美地睡上一觉,明天,他们又将开启元气满满的一天!

图书在版编目（CIP）数据

空间站的一天 / 朱林崎著 . -- 北京：国防工业出版社，2024.1 重印
（"走进天宫"科普丛书）
ISBN 978-7-118-12718-8

Ⅰ.①空… Ⅱ.①朱… Ⅲ.①航天站—中国—普及读物 Ⅳ.① V476.1-49

中国版本图书馆 CIP 数据核字（2022）第 222170 号

空间站的一天

朱林崎 著

出版发行		国防工业出版社
社	址	北京市海淀区紫竹院南路 23 号
电	话	010-88540777
网	址	www.ndip.cn
印	刷	雅迪云印（天津）科技有限公司
开	本	889mm×1194mm 1/24
印	张	$5\frac{1}{4}$
字	数	92 千字
版	次	2023 年 1 月第 1 版
印	次	2024 年 1 月第 3 次印刷
印	数	20001—30000 册
定	价	52.00 元